生菜病虫害安全防治手册

徐学农　主编

中国农业大学出版社
·北　京·

图书在版编目(CIP)数据

生菜病虫害安全防治手册/徐学农主编．—北京:中国农业大学出版社,2016.3

ISBN 978-7-5655-1484-5

Ⅰ.①生…　Ⅱ.①徐…　Ⅲ.①生菜类蔬菜-病虫害防治-手册　Ⅳ.①S436.36-22

中国版本图书馆CIP数据核字(2016)第017105号

书　　名	生菜病虫害安全防治手册		
作　　者	徐学农　主编		
策划编辑	孙　勇	**责任编辑**	孙　勇
封面设计	郑　川	**责任校对**	王晓凤
出版发行	中国农业大学出版社		
社　　址	北京市海淀区圆明园西路2号	**邮政编码**	100193
电　　话	发行部 010-62818525,8625		读者服务部 010-62732336
	编辑部 010-62732617,2618		出　版　部 010-62733440
网　　址	http://www.cau.edu.cn/caup	**e-mail**	cbsszs@cau.edu.cn
经　　销	新华书店		
印　　刷	涿州市星河印刷有限公司		
版　　次	2016年2月第1版　2016年2月第1次印刷		
规　　格	880×1 230　32开本　2.25印张　43千字　彩插1		
定　　价	8.50元		

图书如有质量问题本社发行部负责调换

主　编　徐学农

副主编　易欣欣　卢志军

编　委　石延霞　杜相革　何洪巨　吴青君
罗　晨　董　民　王恩东　吕佳乐
席　昕　蔡　乐　穆常青

内 容 简 介

本书内容包括生菜常见病虫害种类和识别、常见病虫害防治历、适合生菜生产的药剂及产品安全和质量控制。

本书将有助于提高菜农的安全意识、风险意识和环保意识。

序

为减少病虫害对叶类蔬菜危害，减少化学农药的使用量和提高安全程度，现代农业产业体系北京市创新团队叶类蔬菜团队病虫害防控与产品安全研究室，组织有关专家编写了叶类蔬菜病虫害安全防治手册系列丛书，包括《菠菜病虫害安全防治手册》《生菜病虫害安全防治手册》《芹菜病虫害安全防治手册》《叶用油菜病虫害安全防治手册》《快菜病虫害安全防治手册》，旨在为北京市蔬菜基地、田间学校和试验站的技术人员提供实际指导和参考。

该系列书主要内容包括：叶类蔬菜常见病虫害种类和识别、常见病虫害防治历、适合叶类蔬菜生产的药剂及其产品安全和质量控制，建立以病虫害控制为核心的有效、安全和实用的防治历、有效药剂和安全控制关键点。

本书将有助于提高菜农的安全意识、风险意识和环保意识。

现代农业产业技术体系北京市叶类蔬菜创新团队

前　　言

生菜是百姓饭桌上一种喜食的叶菜，是凉拌菜、沙拉和火锅的原料。生菜清脆爽口，营养丰富，含有大量 β-胡萝卜素、维生素 E、维生素 B 及微量元素等。生菜在北京年种植面积大约为 5 500 hm^2，占北京蔬菜全部种植面积的 20%左右。

经过近几年的调研，结合团队的田间试验工作，针对目前北京市生菜生产中出现的主要问题及新问题，现代农业产业技术体系北京市叶类蔬菜创新团队病虫害防控与产品安全研究室编写了北京市叶类蔬菜安全防治手册系列丛书之《生菜病虫害安全防治手册》。

本书共分五章：第一章描述了北京地区生菜常见病虫害种类、识别及相应的防控措施；第二章总结了北京春秋茬露地与设施生菜虫害防治历，重点推荐了高效低毒的化学药剂使用方法及安全间隔期以及生物防治方法；第三章介绍了适用于生菜安全生产的植物源、微生物源以及化学合成药剂的作用特点和注意事项；第四章介绍了一些常见天敌；第五章阐述了生菜产品安全和质量控制的要求与方法，包括药剂的合理使用、致病微生物污染预防以及重金属污染规避措施等内容。

本书内容力求简明扼要、通俗易懂、重点突出，希望对从事生菜生产的用户有所帮助。限于编者水平，本书不足或错误之处难免，敬请广大读者及用户批评指正。

编者
2015 年 12 月

目　　录

第一章　生菜常见病虫害种类和识别

第一节　霜　霉　病

一、田间识别

生菜霜霉病主要在叶片上发生，通常植株下部近地面叶片先染病，初期为褪绿色斑；随后病斑不断扩大，受叶脉限制呈近圆形或不规则形，颜色呈淡黄色；发病盛期，多个病斑连接成片，形成“人型”病斑，严重时整张叶片被病斑覆盖。田间湿度高时叶片病部背面产生白色霉层，叶片枯黄而死。

二、防治方法

1.农业防治

(1)应尽量避免连作。

(2)选择土质肥沃，地势高燥，排灌两便，保水、保肥力强的田块种植。

(3)结球生菜的株行距以 25 cm×25 cm 为宜，散叶生菜株行距以 30 cm×30 cm 为宜。

2.药剂防治

参照相应生菜病虫害安全防控防治历。

第二节 灰 霉 病

一、田间识别

灰霉病菌主要在生菜叶片和茎部形成危害，植株苗期至成株期均可染病。苗期染病，通常从近地面较成熟叶片开始，病害初发时为水浸状小斑，扩大后呈灰褐色不规则形，若遇连续阴雨田间湿度较大，病部则迅速扩大病部表面形成厚密的灰色霉层，病组织呈水浸状腐烂。茎部受害初在茎基产生水浸状小斑，随后病斑扩大环绕茎一周，田间湿度高时产生厚密的灰色霉层，茎基腐烂，地上部茎叶凋萎，病株逐渐干枯死亡。

二、防治方法

1.农业防治

(1)合理进行轮作倒茬，不宜与同类叶菜连作。

(2)精细整地。应用充分腐熟的有机肥，深沟高畦栽培，清理排水沟渠，防止雨后积水。

(3)科学栽培。适期播种、定植，合理密植。

(4)清理田园。收获后及时清除病株残体,田外深埋或烧毁。

2.药剂防治

参照相应生菜病虫害安全防控防治历。

第三节 菌 核 病

一、田间识别

生菜从苗期到成株期均可受菌核病病危害,通常在植株生长中后期发病最重。菌核病菌主要危害生菜的茎基部,近地面的叶、叶柄或茎基部首先被侵染,并逐步向上蔓延。受害的叶片病部呈灰绿至灰褐色,病茎及叶柄病部呈黄褐色至灰褐色。通常受害部位初呈水渍状,逐步表现为湿腐样腐烂,湿度大时生白色棉絮状霉,后期产生黑色鼠粪状菌核。

二、防治方法

1.农业防治

(1)合理进行轮作倒茬,不宜与同类叶菜连作。

(2)科学栽培。适期播种、定植,合理密植,深沟高畦栽培,清理排水沟渠,防止雨后积水。

(3)及时清除发病植株和收获时病残体,并进行集中处理，减少传播蔓延。

2. 药剂防治

参照相应生菜病虫害安全防控防治历。

第四节 软 腐 病

一、田间识别

生菜软腐病为细菌性病害，植株受害部位为肉质茎或根茎部。肉质茎受害，病部呈水浸状，褐色，并迅速软化腐败。根茎部受害，茎基部渐软化腐败，呈浅褐色，病情严重时腐烂部位有菌脓溢出，散发出恶臭，这也是生菜软腐病和菌核病的区别之一。

二、防治方法

1. 农业防治

(1)合理进行轮作倒茬，不宜与同类叶菜连作。

(2)科学栽培。适期播种、定植，合理密植，深沟高畦栽培，清理排水沟渠，防止雨后积水。特别注意田间漫灌会加剧细菌病原的扩散蔓延。

(3)精细管理，田间农事活动应尽量避免造成伤害。

(4)发现病株拔除，收获后彻底清除田间病残体，并进行集中处理。

2. 药剂防治

参照相应生菜病虫害安全防控防治历。

第五节　黑　斑　病

一、田间识别

黑斑病又称轮纹病、叶枯病。病菌主要浸染叶片。发病初期，叶背先产生病斑，为水渍状黑褐色小点，后病斑不断扩大，呈圆形或不规则形的淡褐色或黑褐色斑块。随着病菌浸染程度加剧，逐渐向叶面穿透发展，叶片仅剩上表皮。

在不同湿度条件下，病斑症状有差异。湿度较大时，病斑会扩展连片，叶片易腐烂，并在病斑部出现暗褐色霉层。环境较干时，病斑呈现同心圆状轮纹，病斑边缘清晰，偶有黄色晕圈。严重发生时多病斑相连，并形成穿孔。

二、防治方法

1. 农业防治

(1)清洁田园，减少初侵染源。

(2)生菜生长期，注意合理浇灌。

2. 药剂防治

参照相应生菜病虫害安全防控防治历。

第六节　枯　萎　病

一、田间识别

病菌残存土壤中，生菜定植时即可侵入根部。单株表现根系发育差、生长不良、矮小、不发棵、下部叶片边缘呈黄褐色斑，受害严重时茎基部易折断。斜切根茎接合部，可见黑褐色维管束。整田植株因病菌不均匀侵染而参差不齐。

二、防治方法

1.农业防治

(1)合理进行轮作倒茬，避免连作。

(2)及时清除田间病株及病残体，并集中销毁，减少病原传播蔓延。

2.药剂防治

参照相应生菜病虫害安全防控防治历。

第七节　根结线虫病

一、田间识别

根结线虫病为结球生菜的重要病害，主要侵染生菜根部。

病害轻发时，症状不明显，仅在高温干旱的中午外部叶片出现萎蔫；严重发病时，植株矮小、长势弱、生长缓慢，不包心或包心松散。叶色较淡甚至枯黄，根部可见乳黄色根瘤，串珠状。后期病部颜色变褐，逐步腐烂。

露地和保护地内均可发病，在北方地区尤以保护地连种地块发病普遍。

二、防治方法

1.农业防治

(1)合理与非寄主或拮抗作物轮作。

(2)及时清除前茬作物病残体，并进行集中处理。

(3)在高温休闲季节，充分利用作物秸秆等生物质材料结合生物熏蒸剂等对土壤进行高温综合处理。

2.药剂防治

参照相应生菜病虫害安全防控防治历。

第八节　蚜　　虫

一、田间识别

蚜虫一般以春秋两季危害为主。主要以刺吸式口器吸取植株的汁液，造成叶片卷曲畸形，影响植株生长，同时钻入生菜球体后无法防治。

二、防治方法

1.农业防治

换茬后及时清除残枝虫株和田间杂草，尽量减少虫源基数。

2.物理防治

蚜虫对黄色有趋性，可在田间放置黄板或黄盆来诱杀。另外，蚜虫对银灰色有趋避性，可在作物定植前铺上银灰色薄膜避蚜。

3.生物防治

蚜虫的天敌很多，如七星瓢虫、草蛉、小花蝽、食蚜蝇和蚜茧蜂等天敌等。可释放或保护这些天敌进行防控。

4.药剂防治

参照相应生菜病虫害安全防控防治历。

第九节　潜　叶　蝇

一、田间识别

潜叶蝇取食与产卵均能在生菜上形成斑点。幼虫取食叶肉，在上下叶表皮间形成白色的弯曲虫道。初发时，虫道短而细小，随着危害的加重，虫道逐渐延长并加宽。在一片叶片背面有时能看到几十条虫道，特别是近地面的老叶上。幼虫老熟后就在虫道内化蛹。透过叶表能看见米粒状的白色的茧（见封3图1）。

二、防治方法

1.农业防治

（1）田园清洁：老叶上会留下很多幼虫及蛹，要及时清理。可以大大减少下代虫源。

（2）黄板诱杀。潜叶蝇成虫对黄板有趋性。黄板挂放底部高于生菜植株10～20 cm。

2.生物防治

潜叶蝇的卵、幼虫及蛹多在叶片组织中，一般的捕食性天敌难以起到有效的控制作用。一些姬小蜂及茧蜂可以发现叶片内的幼虫及蛹等，可以起到较好的防控作用。

3.药剂防治

参见防治历。

第十节　蕈　　蚊

一、田间识别

成虫产卵于土表近根处，幼虫孵出后直接危害根茎部。幼虫体白色或透明，仅头部黑色（见封三图2）。幼虫危害植株后，影响植株水分与养分的吸收，植株长势弱。根系弱小，不实，变黑，整个植株易被轻易拔起，严重危害时致整株干枯死亡。幼虫还能传播根腐病，如腐霉，疫霉和镰刀菌等。

二、防治方法

1. 农业防治

（1）使用腐熟的有机肥。

（2）把好育苗关。

2. 生物防治

（1）土壤中一些自由活动的捕食螨，主要来自于下盾螨属如剑毛帕厉螨，在蕈蚊低密度时防治效果较好。释放100～250头/m^2。

（2）一些Bt品系，如Bt的以色列亚种（*Bacillus thuringiensis israelensis*）对蕈蚊的幼虫有较强的寄生作用。

（3）昆虫寄生线虫，如斯氏线虫（*Steinernema feltiae*）和异小杆线虫（*Heterorhabditis* spp.）可以用于防控蕈蚊。

3. 物理防治

诱杀。可用黄板诱杀。3～4周换1次，高温时2～3周换1次。

第十一节　蛞　蝓

一、田间识别

蛞蝓，又称鼻涕虫、粘虫。生菜的茎叶、近地表的根部均可受害，尤其是幼嫩部分受害严重。被害叶叶肉被取食，形成透明斑，逐渐形成孔洞或缺刻，严重时嫩茎、嫩叶被咬断。蛞蝓爬行过的地方会留下白色的黏液痕迹。蛞蝓为害时排泄的粪便及分泌的黏液造成污染，导致生菜品质下降。

二、防治方法

1.农业防治

(1)地膜覆盖可阻止蛞蝓爬出地面；

(2)及时清除菜园中的垃圾及杂草，秋、冬季深翻土地；

(3)有机肥应充分腐熟，减少虫源。

2.物理防治

(1)蛞蝓喜湿怕光，多昼伏夜出，增加田间通风透光；

(2)蛞蝓对发酵液等有趋性，可利用啤酒进行诱杀。

3.药剂防治

参照相应生菜病虫害安全防控防治历。

第二章　生菜常见病虫害防治历

第一节　春茬生菜病虫害防控防治历

一、春茬露地生菜病虫害安全防控防治历

生育期	病虫种类	防治方法	安全间隔期(d)	备　注
育苗期	霜霉病	50%烯酰吗啉可湿性粉剂 800 倍喷雾;7 d 1 次,连续 2 次	7	
	菌核病	50%菌核净可湿性粉剂 1 000 倍喷雾;连续使用 2 次	7	
幼苗期	菌核病	50%菌核净可湿性粉剂 1 000 倍喷雾;连续使用 2 次	7	
	霜霉病	50%烯酰吗啉可湿性粉剂 800 倍喷雾;7 d 1 次,连续 2 次	3	
发棵期	蚜虫	1.5%天然除虫菊素 800 倍喷雾;5 d 1 次,连续 2 次	2	
	潜叶蝇	25%斑潜净 1 500 倍喷雾	10	
	菌核病	50%菌核净可湿性粉剂 1 000 倍喷雾;7 d 1 次,连续 2 次	7	

续表

生育期	病虫种类	防治方法	安全间隔期(d)	备　注
发棵期	灰霉病	40％嘧霉胺 1 000 倍喷雾；7 d 1 次，连续 2 次	3	
成熟期	蚜虫	2％苦参碱水剂 800 倍喷雾；5 d 1 次，连续 2 次	2	
		保护田间自然发生的食蚜蝇		
	菌核病	40％菌核净可湿性粉剂 1 000 倍喷雾；7 d 1 次，连续 2 次	7	
	灰霉病	40％嘧霉胺 1 000 倍喷雾；7 d 1 次，连续 2 次	3	

备注：要随时调查田间病虫害发生，根据当时实际发生情况而采取相应的防控策略，而非在各个生长阶段必须要采用表中的防控手段。早期病虫害得到控制后，后期可少防或完全不防。下表同。

二、春茬设施生菜病虫害安全防控防治历

生育期	病虫种类	防治方法	安全间隔期(d)	备　注
育苗期	霜霉病	50％烯酰吗啉可湿性粉剂 800 倍喷雾；7 d 1 次，连续 2 次	3	
	菌核病	50％菌核净可湿性粉剂 1 000 倍喷雾；7 d 1 次，连续 2 次	7	
	枯萎病	30％恶霉灵水剂 1 000 倍液喷雾，7 d 1 次，连续 2 次	3	
	根结线虫病	10％噻唑膦颗粒剂拌土 1～2 kg/亩撒施，育苗或播种前土壤均匀撒施，并翻耕混匀至土壤耕作层	25	

续表

生育期	病虫种类	防治方法	安全间隔期(d)	备注
幼苗期(或定植期)	蚜虫	10%吡虫啉可湿性粉剂4 000倍喷雾;7 d 1次,连续2次	25	
		释放蚜茧蜂		
	霜霉病	50%烯酰吗啉可湿性粉剂800倍喷雾;7 d 1次,连续2次	3	
	菌核病	50%菌核净可湿性粉剂1 000倍喷雾;7 d 1次,连续2次	25	
	灰霉病	40%嘧霉胺1 000倍喷雾;7 d 1次,连续2次		
	黑斑病	50%多菌灵可湿性粉剂800倍喷雾,7 d1次,连续2次	7	
	枯萎病	30%恶霉灵水剂1 000倍液喷雾,7 d 1次,连续2次	3	
	根结线虫病	10%噻唑膦颗粒剂拌土1～2 kg/667 m^2 撒施,育苗或播种前土壤均匀撒施,并翻耕混匀至土壤耕作层;或者使用噻唑膦或辛硫磷等液体药剂兑水灌根	25	
发棵期	蚜虫	1.5%天然除虫菊素800倍喷雾或1%的苦参碱600倍喷雾;5 d 1次,连续2次	2	
	蛞蝓	6%四聚乙醛颗粒剂,400～544 g/667 m^2	10	禁止放在植株上
		啤酒诱杀	无	
	霜霉病	50%烯酰吗啉可湿性粉剂800倍喷雾;7 d 1次,连续2次	3	

续表

生育期	病虫种类	防治方法	安全间隔期(d)	备　注
发棵期	菌核病	50%菌核净可湿性粉剂1 000倍喷雾;7 d 1次,连续2次	7	
	灰霉病	50%异菌脲可湿性粉剂1 000倍液喷雾	7	
		50%啶酰菌胺,250～350 g/hm^2,稀释1 000倍喷雾	7	
	黑斑病	10%苯醚甲环唑水分散粒剂1 000倍喷雾	2	
	软腐病	100亿活孢子/g枯草芽孢杆菌可湿性粉剂,喷淋结合灌根	5	
成熟期	蚜虫	2%苦参碱水剂800倍喷雾;5 d 1次,连续2次	2	
		挂放黄板,10～15张/667 m^2		
	蛞蝓	6%四聚乙醛颗粒剂,400～544 g/667 m^2	10	禁止放在植株上
		啤酒诱杀	无	
	霜霉病	50%烯酰吗啉可湿性粉剂800倍喷雾;7 d 1次,连续2次	3	
	菌核病	40%菌核净可湿性粉剂1 000倍喷雾;7 d 1次,连续2次	7	
	灰霉病	50%啶酰菌胺,250～350 g/hm^2,稀释1 000倍喷雾	7	
	黑斑病	50%啶酰菌胺,250～350 g/hm^2,稀释1 000倍喷雾	7	
	软腐病	100亿活孢子/g枯草芽孢杆菌可湿性粉剂,喷淋结合灌根施药	5	

第二节 秋茬生菜病虫害安全防控防治历

一、秋茬露地生菜病虫害安全防控防治历

生育期	病虫种类	防治方法	安全间隔期(d)	备注
育苗期	蚜虫	2%苦参碱水剂600倍或1.5%的除虫菊素800倍喷雾	2	
		10%吡虫啉可湿性粉剂1 000倍	25	
	菌核病	50%菌核净可湿性粉剂1 000倍喷雾	7	
幼苗期	蚜虫	1.5%天然除虫菊素800倍喷雾;5 d 1次,连续2次	2	
	菌核病	50%菌核净可湿性粉剂1 000倍喷雾	7	
	灰霉病	40%嘧霉胺悬浮剂1 000倍喷雾;7 d 1次,连续2次	3	
发棵期	蚜虫	1.5%天然除虫菊素800倍喷雾;5 d 1次,连续2次	2	
	菌核病	50%菌核净可湿性粉剂1 000倍喷雾	7	
	灰霉病	40%嘧霉胺1 000倍喷雾;7 d 1次,连续2次	3	

续表

生育期	病虫种类	防治方法	安全间隔期(d)	备　注
成熟期	霜霉病	50%烯酰吗啉可湿性粉剂 800 倍喷雾;7 d 1 次,连续 2 次	3	
	菌核病	40%菌核净可湿性粉剂 1 000 倍喷雾;7 d 1 次,连续 2 次	7	
	灰霉病	50%啶酰菌胺,250～350 g/hm^2,稀释 1 000 倍喷雾	7	

二、秋茬设施生菜病虫害安全防控防治历

生育期	病虫种类	防治方法	安全间隔期(d)	备　注
育苗期	霜霉病	50%烯酰吗啉可湿性粉剂 800 倍喷雾;7 d 1 次,连续 2 次	3	
	菌核病	50%异菌脲可湿性粉剂 1 000 倍喷雾	50	
	枯萎病	50%甲基硫菌灵可湿性粉剂 1 000 倍液	30	
	根结线虫病	10%噻唑膦颗粒剂拌土 1～1.5 kg/亩撒施,育苗或播种前土壤均匀撒施,并翻耕混匀至土壤耕作层		持效期 2～3 个月
幼苗期(或定植期)	蚜虫	10%吡虫啉可湿性粉剂 1 000 倍喷雾;7 d 1 次,连续 2 次	25	
		挂放黄板。30 张/棚	无	
	霜霉病	50%烯酰吗啉可湿性粉剂 800 倍喷雾;7 d 1 次,连续 2 次	3	

续表

生育期	病虫种类	防治方法	安全间隔期(d)	备注
幼苗期(或定植期)	菌核病	50%腐霉利可湿性粉剂1 500倍喷雾7 d 1次,连续2次	25	
	灰霉病	同“霜霉病”		
	黑斑病	50%多菌灵可湿性粉剂800倍喷雾,7 d 1次,连续2次	7	
	枯萎病	30%恶霉灵水剂1 000倍液喷雾,7 d 1次,连续2次	3	
	根结线虫病	10%噻唑膦颗粒剂拌土1～2 kg/667 m^2撒施,育苗或播种前土壤均匀撒施,并翻耕混匀至土壤耕作层;或者使用噻唑膦或辛硫磷等液体药剂兑水灌根		持效期2～3个月
发棵期	蚜虫	1.5%天然除虫菊素800倍喷雾;7 d 1次,连续2次	2	
		挂放黄板。30张/棚		
	蛞蝓	6%四聚乙醛颗粒剂,400～544 g/667 m^2啤酒或啤酒酵母液诱杀	10	禁止放在植株上
	霜霉病	50%烯酰吗啉可湿性粉剂800倍喷雾;7 d 1次,连续2次	3	
	菌核病	50%咪鲜胺锰盐可湿性粉剂400倍喷雾;7 d 1次,连续2次	21	
	灰霉病	10%腐霉利烟剂200～300 g/667 m^2;5 d 1次,连续2次	5	
	黑斑病	10%苯醚甲环唑水分散粒剂1 000倍喷雾;7 d 1次,连续2次	2	

续表

生育期	病虫种类	防治方法	安全间隔期(d)	备　注
发棵期	软腐病	20%叶枯唑 400 倍喷雾;7 d 1 次,连续 2 次;7 d 1 次,连续 2 次	14	
	根结线虫	使用噻唑膦或辛硫磷等液体药剂兑水灌根	25	
成熟期	蚜虫	2%苦参碱水剂 800 倍喷雾;5 d 1 次,连续 2 次	2	
		挂放黄板。30 张/棚	无	
	蛞蝓	6%四聚乙醛颗粒剂,400～544 g/667 m^2	10	禁止放在植株上
		啤酒诱杀	无	
	霜霉病	50%烯酰吗啉可湿性粉剂 800 倍喷雾;7 d 1 次,连续 2 次	3	
	菌核病	40%菌核净可湿性粉剂 1 000 倍喷雾;7 d 1 次,连续 2 次	7	
	灰霉病	50%啶酰菌胺,250～350 g/hm^2,稀释 1 000 倍喷雾	7	
	黑斑病	50%啶酰菌胺,250～350 g/hm^2,稀释 1 000 倍喷雾	7	
	软腐病	72%农用链霉素 3 000 倍喷雾;7 d 1 次,连续 2 次	5	

第三章　常用药剂介绍

第一节　杀菌(线)剂

一、苯醚甲环唑

苯醚甲环唑是三唑类杀菌剂中安全性比较高的，广泛应用于果树、蔬菜等作物，有效防治黑星病、黑痘病、白腐病、斑点落叶病、白粉病、褐斑病、锈病、条锈病、赤霉病等。

二、多菌灵

多菌灵又名棉萎灵、苯并咪唑 44 号。多菌灵是一种广谱性杀菌剂，对多种作物由真菌(如子囊菌、担子菌或丝分孢子真菌)引起的病害有防治效果。可用于叶面喷雾、种子处理和土壤处理等。

注意：①在蔬菜收获前 5 d 停用。本剂不能与强碱性药剂或含铜药剂混用，应与其他药剂轮用。②不要长期单一使用多菌灵，也不能与硫菌灵、苯菌灵、甲基硫菌灵等同类药剂轮用。对多菌灵产生抗(药)性的地区，不能采用增加单位面积用药量的方法继续使用，应坚决停用。③与硫黄、混合氨基酸铜、锌、锰、镁、代森锰锌、代森铵、福美双、福美锌、五氯硝基苯、丙硫多菌灵、菌核净、溴菌清、乙霉威、井冈霉素等有混配剂；与敌磺钠、代森锰锌、百菌清、武夷菌素等能混用。④应在阴凉、干燥处贮存。

三、啶酰菌胺

新型烟酰胺类杀菌剂。杀菌谱较广，对大多真菌病害都有活性。主要用于防治白粉病、灰霉病、各种腐烂病、褐腐病和根腐病等。与其他杀菌剂多无交互抗性，建议与其他杀菌剂交替使用，并最好在病害发生初期使用。

四、恶霉灵水剂

新型、内吸性杀菌剂、土壤消毒剂。绿色、环保、低毒。适合作物：果树、蔬菜、小麦、棉花、水稻、豆类、瓜类等。

注意：①使用时须遵守农药使用防护规则。用于拌种时，要严格掌握药剂用量，拌后随即晾干，不可闷种，防止出现药害。②宜无风晴朗天气喷施，喷后 4 h 遇雨不需补喷。③本品可与一般农药混用，有增效作用。

五、腐霉利

腐霉利是新型、低毒、内吸性杀真菌剂。对葡萄孢属和核盘菌属真菌有特效，能防治果树、蔬菜作物的灰霉病、菌核病，对苯丙咪唑产生抗性的真菌亦有效。使用后保护效果好、持效期长，能阻止病斑发展蔓延。在作物发病前或发病初期使用，可取得满意效果。

注意：①该药剂容易产生抗药性，不可连续使用。与“天达 2116”配合使用，能够明显增加药效、扩大防治范围、减少抗药性。②药剂要现配现用，不要长时间放置。③不要与强碱性药物如波尔多液、石硫合剂混用，也不要与有机磷农药混配。④防治病害应尽早用药，最好在发病前，最迟也要在发病初期使用。⑤药剂应存放在阴暗、干燥通风处。⑥若不慎皮肤沾染药液，或者眼睛溅入药液，应该立即用大量清水冲洗；误服后要立即送医院洗胃，按照医生医嘱治疗。

六、甲基硫菌灵

又名甲基托布津。为广谱、内吸、低毒杀菌剂。可以防治多种作物上的白粉病、灰霉病、炭疽病、菌核病等。

不能与碱性及无机铜制剂混用。

七、菌核净

菌核净为强效杀菌剂，它具有广谱、杀菌、非内吸保护性杀菌剂，持效期长等特点。

注意：①不要与强碱性药物混用；②要与不同作用机制的药剂交替使用。

八、枯草芽孢杆菌

通过在生长过程中产生的枯草菌素、多粘菌素、短杆菌肽等活性物质来抑制致病菌达到控害的目的。同时，通过大量的快速繁殖，占据优势空间，抑制病原物的生长繁殖。

不要与其他杀菌剂同时使用。产品避免阳光直射，施药以早晚为宜。

九、咪鲜胺锰盐

由咪鲜胺与氯化锰复合而成，防效同咪鲜胺。属咪唑类杀菌剂。具有内吸、传导作用。对子囊菌引起的作物病害有特效。

十、嘧霉胺

对灰霉病有特效，通过抑制病菌侵染酶的分泌而阻止病菌侵染。

具有内吸传导和熏蒸作用，施药后能够迅速到达植株的任何部位。

对温度不敏感，即使在低温下使用也有很好的防控效果。

十一、噻唑膦

噻唑膦属于有机磷杀线虫剂。其作用方式为触杀式。噻唑膦在作物根部具有优良的内吸性，具有明显的向上传导特性。侵入根内的线虫接触到内吸的药剂也会被杀死。

噻唑膦施药不受天气、温度、季节及蔬菜品种的限制；除根结线虫之外，能兼防其他多种地下害虫，对螨类也有良好防效，但是对土传病害无效。噻唑膦药剂的持效期为 2～3 个月。

易苗期或定植前使用；撒施或沟施。

十二、四聚乙醛

该药是一种选择性强的杀螺剂，用于防治水稻福寿螺、蔬菜、棉花和烟草上蜗牛、蛞蝓等软体动物。

十三、烯酰吗啉

为专一杀卵菌纲真菌的低毒杀菌剂。对卵菌生活史各阶段都有抑制作用，特别是在孢子囊梗和卵孢子形成阶段。

对霜霉病、疫霉病、晚疫病等真菌性病害均有较好的防控效果。

单独长期使用风险性比较大，病害易产生抗性。可与代森锰锌等保护性杀菌剂复配使用以减少风险。

十四、叶枯唑

主要用来防治植物细菌性病害，为内吸杀菌剂，具有良好治疗和预防作用。抗雨水冲刷，喷药后 4 h 遇雨对药效无影响。

十五、异菌脲

异菌脲属低毒，高效广谱、触杀型杀菌剂。适用于防治多种果树、蔬菜、瓜果类等作物叶斑病、灰霉病、早疫病等病害。

注意：①不能与腐霉利、菌核净、乙烯菌核利等作用方式相同的杀菌剂混用或轮用。②不能与强碱性或强酸性的药剂混用。③为预防抗性菌株的产生，作物全生育期的施用次数要控制在 3 次以内，在病害发生初期和高峰前使用，可获得最佳效果。

第二节　杀虫(螨)剂

一、吡虫啉

吡虫啉是烟碱类高效内吸性杀虫剂，作用于昆虫乙酰胆碱酯酶受体，干扰其神经信号传导。对昆虫具有触杀、胃毒和内吸等多重作用。广谱、高效、低毒、低残留，害虫不易产生抗性，对人、畜、植物和天敌安全。速效，用药 1 d 即有可达较高的防效，但残留期较长，达 25 d 左右。

主要用于防治蚜虫等刺吸式口器的害虫。药效和温度呈正相关，温度高，杀虫效果好。

二、苦参碱

苦参碱主要由豆科植物苦参(*Sophora flavescens* Ait.)的根经乙醇等有机溶剂提取制成,是一种生物碱。其优点在于:天然植物性农药,对人畜低毒,是广谱杀虫剂,具有触杀和胃毒作用。同时还有很强的抑菌作用和刺激植物生长作用。对环境安全。

苦参碱可用于防控蚜虫、螨类、潜叶蝇、菜青虫及根蛆等。对于蔬菜霜霉、疫病、炭疽病也有很好的防效。

三、苏云金杆菌以色列亚种(品系)

苏云金杆菌以色列亚种(品系)(Bacillus *thur-ingiensis israelensis*)(Bti)产生毒素对多种蚊虫、蕈蚊、厩蝇(blackfly)等有毒杀作用,而对其他的生物几乎没有任何作用,这也是它的重要特点之一。对人畜及生态环境安全。

四、天然除虫菊素

天然除虫菊素是由菊花中分离萃取的具有杀虫效果的活性成分,除虫菊素具有麻痹昆虫中枢神经作用,为触杀性杀虫剂。其优点在于:对哺乳动物低毒;高效广谱性;触杀作用强。

注意:除虫菊素见光易分解,喷洒时间最好选在傍晚进行;除虫菊素不能与石硫合剂、波尔多液、松脂合剂等碱性农药混用;商品制剂需在密闭容器中保存,避免高温、潮湿和阳光直射;除虫菊是强力触杀性药剂,施药时药剂一定要接触虫体才有效,否则效果不好。

五、辛硫磷

广谱性、低毒有机磷杀虫剂。具有触杀与胃毒作用,无内吸性。易光解,施到作物上残效期短。但施入土壤中就比较稳定,药效长。

主要用于防治鳞翅目幼虫,对地下害虫防治效果好。对蜜蜂有触杀和熏蒸毒性。

禁与碱性物质混合。

第四章　天敌识别

一、瓢虫

俗称“花大姐”。属完全变态类型，一生经过卵、幼虫、蛹和成虫四个发育阶段。卵多为块产，黄色，长椭球形，竖立。幼虫与成虫均可捕食。幼虫体如鳄鱼，背部有瘤状突起。成虫半球形，异色瓢虫体色及斑纹多变。作为天敌的种类有七星瓢虫、异色瓢虫等。主要捕食多种蚜虫、介壳虫、鳞翅目昆虫卵及小幼虫等。

二、草蛉

一生经历卵、幼虫、蛹和成虫四个发育阶段。卵椭球形，产在一条细丝顶端。单产或聚产。幼虫纺锤形，似瓢虫幼虫，只是草蛉的幼虫口器部形成两个大大的螯钳。幼虫化蛹时结一丝茧。成虫多为草绿色，触角细长丝状，翅透明，翅脉网状。幼虫与成成虫均可捕食，但主要在幼虫阶段。幼虫大量捕食蚜虫，俗称“蚜狮”。

三、蚜茧蜂

全变态昆虫。一生经历卵、幼虫、蛹和成虫。成虫将卵产于蚜虫体内，卵孵化为乳白色幼虫，幼虫取食蚜虫体内营养发育，并多在蚜虫体内化蛹。蛹为离蛹，呈黄褐色或褐色。蛹外有圆形薄丝茧包被。羽化的成虫从僵蚜体内飞出。蚜茧蜂体小，一般为 1.0～3 mm。体色呈黄褐色至深褐色。

主要的蚜茧蜂种类有烟蚜茧蜂和菜蚜茧蜂等。

四、东亚小花蝽

不完全变态昆虫。一生经历卵、若虫和成虫三个虫态。卵肾形，产在植物组织里，仅白色卵帽露出。初孵若虫顶开卵帽后爬出。若虫初为浅黄色，以后逐渐变为橙红色。若虫3龄，活泼。翅芽在体外形成。成虫体黑色，有斑。活泼。捕食量大。

五、食蚜蝇

全变态昆虫。一生经历卵、幼虫、蛹与成虫四个发育阶段。卵白色，长形。幼虫前端尖细，后端粗大，无足，似蛆。体表多粗糙。吸食小型昆虫如蚜虫的汁液。成虫如蜜蜂，腹部有黄黑色相间的横条纹。捕食虫态为幼虫。

六、捕食螨

具有捕食作用的螨类统称捕食螨。体小，通常不足1 mm，形如微小水滴。背板有光泽。活动搜索能力强，爬行迅速。一生经过卵、幼螨、第一若螨、第二若螨和成螨期。幼螨三对足，其他活动态均为四对足。

第五章　生菜产品安全和质量控制

第一节　禁止使用农药清单（含无公害、绿色和有机产品）

一、国家明令禁止使用的农药

蔬菜生产（含无公害、绿色和有机）中国家禁用药剂如下（表5-1）：

表5-1　禁止在任何作物上使用的药剂种类

序号	农药中文通用名称	农药应用通用名称
01	六六六	HCH
02	滴滴涕	DDT
03	毒杀芬	camphechlor
04	二溴氯丙烷	dibromochloropane
05	杀虫脒	chlordimeform
06	二溴乙烷	EDB
07	除草醚	nitrofen

续表 5-1

序号	农药中文通用名称	农药应用通用名称
08	艾氏剂	aldrin
09	狄氏剂	dieldrin
10	汞制剂	Mercurycompounds
11	砷	arsena
12	铅	acetate
13	敌枯双	
14	氟乙酰胺	fluoroacetamide
15	甘氟	gliftor
16	毒鼠强	tetramine
17	毒鼠硅	silatrane
18	氟乙酸钠	sodiumfluoroacetate

资料来源:农业部 2002 年 199 号公告

二、无公害蔬菜生产中禁止使用的农药

无公害蔬菜生产禁止使用的药剂种类如下(表 5-2):

表 5-2 无公害蔬菜生产中禁止使用的药剂种类

序号	农药中文通用名称	农药应用通用名称
01	甲胺磷	methamidophos
02	甲基对硫磷	parathion-methyl
03	对硫磷	parathion
04	久效磷	monocrotophos
05	磷胺	phosphamidon

续表 5-2

序号	农药中文通用名称	农药应用通用名称
06	甲拌磷	phorate
07	甲基异柳磷	Isofenphos-methyl
08	特丁硫磷	terbufos
09	甲基硫环磷	phosfolan-methyl
10	治螟磷	sulfotep
11	内吸磷	demeton
12	克百威	carbofuran
13	涕灭威	aldicarb
14	灭线磷	ethoprophos
15	硫环磷	phosfolan
16	蝇毒磷	coumaphos
17	地虫硫磷	fonofos
18	氯唑磷	isazofos
19	苯线磷	fenamiphos

资料来源:农业部无公害农产品标准。

三、绿色食品蔬菜生产中不得使用的农药

A 级绿色食品蔬菜生产禁止使用的药剂种类如下(表 5-3):

表 5-3 生产 A 级绿色食品禁止使用的药剂种类(NY/T 393—2000)

种类	农药名称	禁用作物	禁用原因
有机氯杀虫剂	滴滴涕、六六六、林丹、甲氧高残毒、DDT、硫丹	所有作物	高残毒
有机氯杀螨剂	三氯杀螨醇	蔬菜、果树、茶叶	工业品中含有一定数量的滴滴涕

续表 5-3

种类	农药名称	禁用作物	禁用原因
有机磷杀虫剂	甲拌磷、乙拌磷、久效磷、对硫磷、甲基对硫磷、甲胺磷、甲基异柳磷、治螟磷、氧化乐果、磷胺、地虫硫磷、灭克磷(益收宝)、水胺硫磷、氯唑磷、硫线磷、杀扑磷、特丁硫磷、克线丹、苯线磷、甲基硫环磷	所有作物	剧毒高毒
氨基甲酸酯杀虫剂	涕灭威、克百威、灭多威、丁硫克百威、丙硫克百感	所有作物	高毒、剧毒或代谢物高毒
二甲基甲脒类杀虫杀螨剂	杀虫脒	所有作物	慢性毒性、致癌
拟除虫菊酯类杀虫剂	所有拟除虫菊酯类杀虫剂	水稻及其他水生作物	对水生生物毒性大
卤代烷类熏蒸杀虫剂	二溴乙烷、环氧乙烷 二溴氯丙烷、溴甲烷	所有作物	致癌、致畸、高毒
大环内酯双糖类杀虫杀螨剂	阿维菌素	蔬菜,果树	高毒
有机硫杀螨剂	克螨特	蔬菜,果树	慢性毒性
有机砷杀菌剂	甲基胂酸锌(稻脚青)、甲基胂酸钙胂(稻宁)、甲基胂酸铵(田安)、福美甲胂、福美胂	所有作物	高残毒
有机锡杀菌剂	三苯基醋酸锡(薯瘟锡)、三苯基氯化锡、三苯基羟基锡(毒菌锡)	所有作物	高残留、慢性毒性
有机汞杀菌剂	氯化乙基汞(西力生)、醋酸苯(赛力散)	所有作物	剧毒、高残毒
有机磷杀菌剂	稻瘟净、异稻瘟净	水稻	异臭
取代苯类杀菌剂	五氯硝基苯、稻瘟醇(五氯苯甲醇)	所有作物	致癌,高残留

续表 5-3

种类	农药名称	禁用作物	禁用原因
二、四-D 类化合物	除草剂或植物生长调节剂	所有作物	杂质致癌
二苯醚类除草剂	除草醚、草枯醚	所有作物	慢性毒性
植物生长调节剂	有机合成的植物生长调节剂	所有作物	
除草剂	各类除草剂	蔬菜生长期（可用于土壤处理与芽前处理）	

资料来源：绿色食品农药使用准则。

四、有机蔬菜生产中禁止使用的药剂

根据 GB 19630—2011 规定，在有机蔬菜生产中禁止使用任何人工合成的化学农药，农药使用仅限于来源于生物的或天然的矿物质。

第二节　农药安全使用技术要点

一、合理选择农药

1. 根据防治对象合理选择农药品种

农药种类较多，应根据生菜的特点和病虫害种类选择合适农药，如在生菜中主要害虫有蚜虫、潜叶蝇等，生菜的生长期短，故选择农药时，多选择植物源、生物源类等安全间隔期短的生物农药为主，如防治蚜虫可选择苦参碱；防治小菜蛾，可选用乙基多杀菌素。

2. 杀菌剂也要选择合适的品种

如防治霜霉病则应选择烯酰吗啉等对卵菌敏感的农药，防治立枯病用哈茨木霉菌。

二、准确使用农药

1. 交替使用农药

农药的使用原则是不要长期使用同一种药剂防治同一种病虫害，而应交替使用作用机制不同但防治对象相似的农药，避免病虫害产生抗药性，以延长新农药的使用寿命和效果。

2. 适时使用农药

合适的时间施用农药是有效控制病虫发生、保护有益生物、避免农药残留的重要途径，要注意做好田间观察记录，以掌握病虫动态。

确定防治适期的依据主要有：掌握害虫盛发期和在对杀伤害虫最有利的虫龄阶段进行防治；病虫易侵染、为害的生育期；非天敌敏感期。

3. 安全间隔期施药

即在收获前一定间隔时间内禁止用药，这一点应特别注意。例如:乙基多杀菌素使用的安全间隔期是 2 d,即在收获前 2 d 不得使用。

三、安全使用农药

(1)配药时须戴胶皮手套,用量要严格按规定剂量称量,严禁用手拌药。

(2)药剂拌种时要用工具,随用随拌,手撒或点播药种时要戴防护手套,剩余毒种应及时销毁。

(3)配药、拌种地点应远离水源和居住地。

(4)使用手动喷雾器时要隔行喷,桶中药液不能装得过满,大风及高温时不喷药。

(5)喷药后及时清洗喷雾器及盛过农药的包装物。

第三节　叶类蔬菜微生物污染和预防

新鲜叶类蔬菜易受许多微生物病原体污染,其中主要包括:致病性大肠杆菌、沙门菌、空肠弯曲杆菌、志贺氏菌、假结核耶尔森菌以及单核细胞增生李斯特菌等。感染叶类蔬菜的微生物病原菌和污染物主要来自土壤、水源、肥料、动物、生产者和生产用具。目前还没有完全消除或灭活目标微生物病原菌而不破坏新鲜绿叶蔬菜的手段,切实可行的方法是尽可能防止微生物病原菌对叶类蔬菜的污染。

一、常见的食源性致病微生物

1.致病性大肠杆菌

普通大肠杆菌是存在人和动物肠道内的正常微生物，对人体无害。但有些特殊血清型的大肠杆菌可以导致严重的腹泻和败血症，被称之为致病性大肠杆菌，如大肠杆菌 O157：H7 可引起腹痛、腹泻、出血性结肠炎，严重时导致溶血性尿毒综合征，可致死。致病性大肠杆菌在环境中广泛存在，常见叶类蔬菜易于污染，如生菜等。

2.沙门菌

沙门菌是导致食源性疾病（食物中毒）最多的一类致病性细菌，目前已发现 2 300 多种血清型，其中引起人类食物中毒的主要有：伤寒沙门菌、猪霍乱沙门菌、肠炎沙门菌等。沙门菌随食物进入消化道，可在小肠、结肠内继续繁殖，并在肠毒素与内毒素参与下，引起肠黏膜充血、水肿、组织炎症，主要症状为急性肠胃炎，如呕吐、腹泻，伴有头痛、发热，严重者出现寒战、抽搐和昏迷。

引起沙门菌食物中毒的食品以动物源性食品为主，但近年与蔬菜相关的报到也在增多。

3.李斯特菌

李斯特菌中只有单核细胞增生李斯特菌可引起人类食物

中毒。该菌产生溶血素，能够破坏红细胞和人体吞噬细胞。初发症状为恶心、呕吐、头痛、发烧，类似感冒，严重引起脑膜炎和败血病。

李斯特菌存在于冷冻食品、乳制品、水果和蔬菜中。

4.志贺菌

志贺菌是一类引起细菌性痢疾的致病菌，其致病物质主要是内毒素，有的菌株也产生外毒素。

内毒素：作用于肠黏膜，使其通透性增高，促进对内毒素的吸收，引起发热，神志障碍等；破坏肠黏膜，形成炎症，溃疡，呈现典型的脓血黏液便。内毒素还能作用于肠壁植物神经系统，引发肠功能紊乱，肠蠕动失调和痉挛。尤其是直肠括约肌痉挛最明显，因而出现腹痛等症状。

外毒素：有些志贺菌还能产生外毒素，称志贺毒素，可使蛋白质合成中断。

生吃不净的水果、蔬菜是志贺菌传播的重要途径之一。

二、叶类蔬菜污染致病微生物主要途径

(1)灌溉及其他生产和收获过程中用水带来的污染。

(2)来自于肥料和其他农业生产投入品的污染。

(3)生产人员带入致病菌。

(4)生产用具发生交叉污染带入致病菌。

(5)家养和野生动物带入致病菌。

(6)收获过程极易污染。

(7)储存、运输过程发生的污染。

三、防止污染的主要手段

1.防止来源于水的污染

(1)保证灌溉用水符合微生物卫生指标的标准(GB 5084—2005,粪大肠菌≤10 000 个/L)。

(2)降低土地中可能会污染水或蔬菜可食用部分的微生物病原菌(例如,日晒、熏蒸等)。

(3)灌溉方式(滴灌、喷灌、漫灌、沟灌等)选择时,应考虑宜使水不直接接触叶类蔬菜可食部分。

(4)灌溉用水的储存环境不能被人和动物粪便污染。

(5)尽量不要使用再生水。

(6)储存和使用浇灌管道和滴灌管时,应减少害虫等昆虫对管道的污染。

(7)水源应定期由相关部门进行测试,以判断是否符合相关卫生的标准。

(8)应在蔬菜收获 7 d 前停止用水。

(9)直接用于新鲜绿叶蔬菜可食部分的用水,特别接近收获期时,应符合饮用水标准(GB 5749)。生菜由于可生食,应尤为注意。

2.控制来自肥料等土壤改良剂的微生物污染

(1)确保肥料的使用不会造成微生物病原菌的潜在危害

(例如,定时使用、安全存放、肥料来源、质量检测、运输等)。

(2)禁止在叶类蔬菜中使用未经处理的粪便肥料。

(3)确保堆肥过程中时间和温度的控制(60℃左右,10 d),以减少人类病原菌对堆肥的潜在威胁。

(4)确定停止使用肥料等土壤改良剂到收获期的时间间隔。

(5)防止堆肥过程对叶类蔬菜的污染。

(6)最大限度的减少风吹或雾化导致的污染源(例如水或有机堆肥)接触叶类蔬菜。

(7)禁止接触肥料的设备、用具接触叶类蔬菜。

3. 防止收获过程带来的污染

(1)减少或消除微生物病原体在机械收割设备表面的存在。

(2)收割或切割设备应在使用前彻底清洗和消毒,切削刃应该保持光滑和锋利。

(3)将收割设备清洁、卫生运作与其他设备分开以减少交叉感染。

(4)实行在良好农业规范(GAP)中列出的适宜的预防性措施,以减少、控制或根除潜在的由人员在收割工程中造成污染。

(5)禁止在接近未收割产品的区域进食、饮水或抽烟,以降低污染隐患。

(6)定期维修、消毒收割用具。

(7)与产品的接触面都应有严格的卫生和消毒措施(例如,禁止触摸刀刃等直接切割部分)。

(8)最大限度去掉叶类蔬菜腐败部分,降低微生物病原菌的存在风险。

(9)手工收割时,应保持个人卫生;包装袋或箱不宜过满,以避免码放、搬运等过程中生产污染物的转移。

4.防止贮存和运输过程中污染

(1)叶类蔬菜的存储、运输应使用不同的冷却和冷藏设施,各种设施的使用应有各自的卫生标准操作程序,以避免新的污染。

(2)运输车应当清洁、卫生。叶类蔬菜不应使用携带过动物粪便或有机固体残余物的车辆,以免造成严重的交叉污染。

(3)叶类蔬菜是易腐产品,应该谨慎处理。机械破坏会影响产品的质量,也会增加微生物污染风险。损坏的产品应该被丢弃。

(4)应保持最佳温度(1～5℃),在整个供应链中,应尽量缩短暴露于温度较高环境的时间,以有效限制微生物增殖。

5.做好清洁和卫生

(1)简单使用的容器如纸箱等应避免重复利用。

(2)直接接触蔬菜的收获容器应专用。

(3)容器应覆盖和存储在合适的地点,以防止可能的污染

（例如，害虫、鸟、啮齿动物、灰尘、水等）。

（4）直接接触土壤的容器不应堆放，以防止土壤和废弃物污染叶类蔬菜。

（5）设备在不用时，应妥善保管。

（6）收获设备，包括简单手持设备（如刀等），直接接触新鲜的绿叶蔬菜，应该每日清洗和消毒。

（7）应使用干净的水清洗所有直接接触新鲜的绿叶蔬菜的设备，包括机械以及收获、运输设备和容器等。

（8）生产者应保持个人健康和卫生。

四 生菜鲜食注意事项

叶类蔬菜从生产开始到消费者餐桌整个供应链的每一个环节都存在着微生物污染的可能性，对于生菜等生食比例较高的叶类蔬菜，更应注意防范致病微生物污染的风险。近些年来，北京市生菜的消费量都以10％左右的速度增长，供应的品种也日渐增加，商品形式除了散菜、简包菜、托盘菜以外，还有一些企业提供即时鲜切菜等。

虽然北京市还没有食用生菜引起食物中毒的报道，但北京是即食生菜增长最快的城市之一。有学者统计，美国大约30％的微生物引起的食物中毒与叶类蔬菜有关，由于欧美的饮食习惯，绝大多数为生食，他们的经验值得重视。生食叶类蔬菜，一定要有加强防范致病微生物的意识。

生菜的整个供应链都要加强对微生物污染的控制，这里我们针对消费环节提出一些建议，供消费者参考。

1.购买

（1）选择新鲜、没有擦痕和其他损伤的生菜，如果生食，尽量选托盘菜或有其他包装。

（2）购买即食鲜切菜时，要选择冰鲜货架上的，还要认真查看生产日期和包装完整。

（3）最好选择生鲜蔬菜与生鲜肉、蛋、海产品有效隔离的超市或市场购买。

（4）选好的生菜放在购物车中和回家路程中也要与生鲜动物性食品有效隔离。

2.储藏

生菜不耐储藏，应尽快食用，如须储藏应于4℃冷藏，并注意防止冰箱内交叉污染。

3.清洗

（1）处理生菜之前，请先用肥皂或洗手液洗手并用清水冲净。

（2）一切与生菜接触的用具，要充分清洗，有条件可高温消毒。

（3）洗菜时，应先清洗一到两遍，然后用清水浸泡5～10 min，最后用清水冲洗。

（4）洗完菜后，将残水控干，不要用布等去擦。

（5）不要使用洗涤灵等清洗剂。

4. 特别注意

(1)如果发现生菜有擦伤或其他损伤的部位,应丢弃,尤其不能生食。

(2)家庭厨房生熟分开,生食蔬菜应严格与动物性新鲜食材分开。

(3)生食生菜,要尽量新鲜,如存储时间较长,最好加热食用。

(4)大多数肠道致病微生物,80℃加热 10 min 就可杀死。

(5)吃剩下的生菜要丢弃。

第四节 生菜的重金属污染和规避措施

蔬菜能够提供人体所必需的多种维生素、矿物质、膳食纤维等营养,还含有丰富的植物化学物质,是人类摄取营养的重要来源。叶类蔬菜包在膳食结构中占有很大比例,随着全球工业化生产的飞速发展,环境污染日益加重,蔬菜产品也受到不同程度的危害,其中重金属污染是影响蔬菜生长和人类健康的重要因素之一。相比蔬菜农残超标引起人体的直接伤害,重金属因具有隐蔽性、不可逆性和长期性等特点,一般不会造成人体急性中毒,但其可以在植物根、茎、叶及籽粒中的大量积累并最终通过食物链在人体中累积,从而危害人们的身体健康。

一、叶类蔬菜重金属污染来源

1. 重金属定义

重金属是指密度在 5×10^3 kg/m^3 以上的金属，如金(An)、银(Ag)、汞(Hg)、铜(Cu)、铅(Pb)、镉(Cd)、铬(Cr)等。有些重金属通过食物进入人体，干扰人体正常生理功能，危害人体健康，被称为有毒重金属，这类金属元素主要有：汞、镉、铬、铅、砷、锌、锡等。其中，砷属于非金属元素，但根据其化学性质，又鉴于其毒性，一般将其列在有毒重金属元素中。根据这些重金属元素对人类的危害程度，又将它们区分为中等毒性(Cu、Sn、Zn 等)和强毒性元素(Hg、As、Cd、Pb、Cr 等)。

蔬菜中的有毒重金属元素，一部分来自于农作物对重金属元素的富集，另一部分则来自于蔬菜生产加工、贮藏运输过程中出现的污染。重金属元素可通过食物链经生物富集，浓度可提高千万倍，最后进入人体造成危害。进入人体的重金属要经过一段时间的积累才显示出毒性，往往不易被人们所察觉，具有很大的潜在危害性。

2. 重金属对人体的危害

蔬菜中积累的重金属可通过食物链进入人体而给人们健康带来潜在危害。在这几种有毒重金属中，铅对人体的危害最大，其次是砷和汞。铅对人体各系统均有毒害作用，主要病变在神经系统、造血系统和血管方面。神经系统方面，早期可出现高级神经机能障碍，晚期则可造成器质性脑病及神经麻痹。对造血系统的危害主要是铅干扰血红素的合成而造成贫血。铅对儿童的生长发育影响极大，幼儿大脑对铅污染更为敏感，严重影响儿童的智力发育和行为，当儿童血液中铅的含量超过 0.6 μg/mL 时，就会出现智能发育障碍和行为异常。

砷在环境中由于受到化学作用和微生物作用，大都以无机砷和烷基砷的形态存在。不同形态的砷，其毒性差异很大。三价砷化合物的毒性大于五价砷化合物，砷化氢和三氧化二砷（俗称砒霜）毒性最大。口服三氧化二砷 5～50 mg 即可中毒，60～100 mg 即可致死。长期接触砷，会引起细胞中毒，有时会诱发恶性肿瘤，无机砷是皮肤癌与肺癌的致癌物质。砷还能透过胎盘损害胎儿。

汞通过食物链的传递在人体蓄积，蓄积于体内最多的部位为骨髓、肾、肝、脑、肺、心等。汞对人体的神经系统、肾、肝脏等可产生不可逆的损害。汞对组织有腐蚀作用，与蛋白质结合，形成疏松的蛋白化合物。汞元素在世界的某些地方，已成为大众健康的公害。汞在我国蔬菜中的检出率较高，应引起足够重视。

镉进入体内可损害血管，导致组织缺血，引起多系统损伤；镉还可干扰铜、钴、锌等微量元素的代谢，阻碍肠道吸收铁，并能抑制血红蛋白的合成，还能抑制肺泡巨噬细胞的氧化磷酰化代谢过程，从而引起肺、肾、肝的损害。镉是人体非必需且有毒元素，可能具有致癌、致畸和致突变作用，特别是 20

世纪 60 年代研究人员提出了镉污染与日本"痛痛病"的因果关系后，环境镉污染与公众健康的关系日益受到人们的关注。

3.叶类蔬菜重金属污染的原因

叶类蔬菜是最易"吸收"重金属元素的农作物。蔬菜重金属含量超标主要是产地环境，特别是土壤污染所致。由于蔬菜产地大多在城市郊区，而城市郊区又是城市环境污染的主要影响地区。未经处理的工业废水、废气、废渣的排放，是汞、镉、铅、砷等重金属元素及其化合物对食品造成污染的主要渠道。大气中的重金属主要来源于能源、运输、冶金和建筑材料生产所产生的气体和粉尘。除汞以外，重金属基本上是以气溶胶的形态进入大气，经过自然沉降和降水进入土壤。农作物通过根系从土壤中吸收并富集重金属，也可通过叶片从大气中吸收气态或尘态铅和汞等重金属元素。据研究，蔬菜中 Pb 含量过高与汽车尾气中 Pb 污染有很大的关系。

农业中施用的农药和化肥是造成食品重金属污染的另一渠道。磷肥含有镉，其施用面广而且量大，可造成土壤、作物和食品的严重污染。长期使用含 Pb、Cd、Cu、Zn 的农药、化肥，如磷矿粉、波尔多液、代森锰锌等，也将导致土壤中重金属元素的积累。有机汞农药含苯基汞和烷氧基汞，在体内易分解成无机汞化合物。目前我国已禁止生产、进口和使用有机汞农药，除拌种常用的醋酸苯汞、氯化乙基汞外，各国都已禁止使用有机汞农药。但民间剩余的农药，仍有间断使用的现象，应引起重视。

二、叶类蔬菜对重金属的吸收富集规律

目前蔬菜中重金属的含量已经受到人们广泛的重视。由于植物生长特性及遗传特性的不同，不同的作物对土壤重金属的吸收、富集具有显著的差异性。利用作物对土壤污染元素不同富集特性有选择地栽培作物，可以减少作物对土壤重金属的吸收富集。植物对重金属的吸收与土壤的重金属含量、理化性质以及重金属在土壤内的储存形态、植物的类型、生长周期及大气环境质量等因素密切相关。因此，不同的学者对不同的区域蔬菜中重金属元素富集能力的研究结果往往存在一定的差异。

1.蔬菜不同种类、品种对重金属的富集吸收差异

蔬菜对重金属的吸收富集能力存在着种间差异。大量研究表明：叶类蔬菜对重金属的吸收富集能力最强，根茎类次之，瓜果类最弱。叶菜类蔬菜的 Cd 和 Pb 含量较高，根茎类蔬菜的 Zn 含量较高。在相同条件下，不同蔬菜种类对不同重金属污染物吸收的绝对量差异明显，如叶菜类蔬菜，芹菜生长周期较长，相比其他叶类蔬菜容易富集重金属。以 Cd 为例，含量一般来说，芹菜＞生菜＞油菜＞菠菜＞快菜。

同种蔬菜的不同品种对重金属的吸收效应也有所不同。不同种类的蔬菜因遗传学、形态学和解剖学特征或离子运输机制的生理学特性不同，对土壤 Cd、Pb、Zn 等污染元素的吸收效应存在一定的差异。一般来说，对于同一种蔬菜来说，富

集元素的规律是Cd>Zn、Cu>Pb、Cr。

2.蔬菜不同部位对重金属的富集吸收差异

蔬菜作物中的重金属元素主要来自于土壤。重金属被植株的根吸收后，首先在根中积累，然后有一部分被转运到植株的其他部位。因而不同部位对重金属的积累量不同。通常植株的地下部大大高于地上部。同一蔬菜不同部位重金属含量差异较大。在测定的蔬菜中，空心菜叶片和根中Cr的含量相近，但高于茎秆，Pb的含量为根>茎秆>叶片，Cd、As和Hg的含量为叶片>根>茎秆；白菜中Pb、Cr、Cd、As和Hg的含量均为叶片> 茎秆。大白菜根中Cu、Zn、Cd含量明显大于叶片中含量，其中Cu含量是叶片中的6倍，Zn含量是叶片中的2倍。南瓜根中的As、Pb、Hg所占比例分别达到87.3%、84.1%和78.7%，均高于叶片中的含量。但也有些蔬菜作物叶片中的重金属含量远远大于根中的含量。如Pb和As在萝卜叶片中具有明显的富集优势，其Pb和As的平均含量是根中的10倍。辣椒不同部位对Cd的吸收累积量由低到高依次为：果实<茎<根<叶，表明辣椒对Cd的吸收主要集中在叶片中。

3.不同土壤中蔬菜对重金属元素的富集吸收差异

(1)不同土壤类型对蔬菜重金属累积的差异。蔬菜中重金属元素含量首先取决于蔬菜种类，其次是蔬菜生长的环境因素，尤其是土壤因素。城郊区、近郊区蔬菜重金属元素含量异常主要是由土壤环境因素引起的。不同的土壤类型,其有机质含量、孔隙度、酸碱度、CEC、酶活性等理化特性不同,直接影响重金属在土壤中的迁移和固定,从而影响蔬菜对其吸收与富集。

(2)蔬菜中重金属含量与土壤中重金属含量的相关性。土壤中 Pb、Cd、Cr、Cu、Zn、Mn 等各种重金属均以有效态和结合态两种形式存在。其中有效态重金属能够直接被蔬菜作物吸收,而结合态则不能。为了比较土壤中不同蔬菜对重金属的吸收积累,引入了富集系数来衡量不同蔬菜对重金属吸收能力的差异:富集系数=蔬菜可食用部分重金属含量/土壤重金属含量。

白菜中重金属元素累积量与土壤中重金属元素有效态百分率相一致,相关系数 $r=0.963\,7$($P<0.01$)。蔬菜吸收重金属元素,除受元素有效性的影响外,还受土壤理化特性、大气污染等其他诸多因素的影响。

三、防治对策

1.合理布局蔬菜种植

不同蔬菜对重金属富集能力存在明显差异,如白菜、韭菜等对土壤 Hg 比较敏感,菠菜等对土壤 As 比较敏感,因此,生产上应根据不同蔬菜种类、品种间存在的对重金属富集的基因型的差异特性,以及当地居民对蔬菜习惯性消费结构、产地环境质量、生产技术水平等因素,有针对性地筛选或选育耐、抗重金属污染的蔬菜类型品种。

2. 选择适合蔬菜生产的环境

对蔬菜基地的选址应进行环境质量调查和评价，选择土壤、水体、大气等主要环境因素中各类重金属含量综合指标较好的地域作为生产基地。首先蔬菜产地应远离工厂、矿区、医院、生活区、交通主干线、垃圾场。其次拟选地区的大气、水、土壤等环境要素的相关污染物检测值不超出国家有关规定标准。对较低污染的土壤，经改良治理后，只要产出蔬菜的重金属含量不超标，也可考虑予以利用。

3. 施用土壤改良剂、有机肥等，抑制蔬菜对重金属的吸收

(1)通过施用改良剂、钝化剂等降低土壤污染物的水溶性、扩散性和生物有效性，降低污染物进入生物链的能力。

(2)大量施用有机肥料，提高土壤有机质的含量添加不同的农作物料(如秸秆、木屑)，有机肥料能提高土壤的有机质含量，增强土壤对重金属的吸附能力，从而降低蔬菜作物对重金属的吸收与富集量。

(3)提高土壤的 pH，降低重金属离子的活性。针对南方酸性土壤，可通过向土壤中添加煤渣灰、$CaCO_3$、$Ca(H_2PO_4)_2$ 等碱性物质来实现提高土壤 pH 的目的。提高土壤 pH，对减弱蔬菜累积重金属的效果明显。

4. 采取作物合理轮、间作，控制重金属污染

合理的轮作或间作，利用植物间的化感作用，能达到净化

土壤的效果。污染菜田可能被继续用作农田种植蔬菜，根据蔬菜种类较多，各种蔬菜的重金属富集强弱不一的特点，合理安排蔬菜轮作茬口，使生产的蔬菜达到或接近食用卫生标准，降低重金属进入食物链的量。

5. 重金属污染生物修复

目前，控制蔬菜重金属污染的方法主要有生物修复治理措施（主要包括植物修复措施、微生物修复措施和低等动物修复措施）、工程治理措施（如改土法、电化法、热处理法、冲洗络合法）、化学治理措施（如施加改良剂、施入还原性有机物质、淋洗法、提高土壤 pH 等）、农业治理措施（如合理施肥、土地利用转型法、合适的耕作制度和作物品种等）。这些措施单独使用往往效果不是很理想，但将上述单一措施进行组装与配套即为生态措施，可以提高对蔬菜重金属污染的控制效果。生菜重金属限量标准见表 5-4。

表 5-4　生菜重金属限量标准(GB 2762—2012 食品中污染物限量)

mg/kg

重金属	Pb	Cd	Hg	As	Cr
限量标准	0.3	0.2	0.01	0.5	0.5

专家信息

徐学农:010-62815981;13811764889;xnxu@ippcaas. cn

石延霞:010-62197975;13717898909;shiyanxia@caas. cn

杜相革:010-62733113;13601282348;duxge@cau. edu. cn

卢志军:010-82077881;13693683207;13693683207@163. com

吴青君:010-82109518;13910296480;wuqingjun@caas. cn

罗　晨:010-51503338;18800005392;luochen1010@126. com

何洪巨:010-51503068;13501083092;hehongju@nercv. org

易欣欣:010-80799174;13683615931;yixinxin2008@163. com